BEI GRIN MACHT SICH IHR
WISSEN BEZAHLT

Morten Vogt

Das Unterrichtsgespräch

GRIN Verlag

Bibliografische Information der Deutschen Nationalbibliothek:

Die Deutsche Bibliothek verzeichnet diese Publikation in der Deutschen National-
bibliografie; detaillierte bibliografische Daten sind im Internet über http://dnb.d-
nb.de/ abrufbar.

Impressum:

Copyright © 2014 GRIN Verlag GmbH
Druck und Bindung: Books on Demand GmbH, Norderstedt Germany
ISBN: 978-3-656-64703-4

Dieses Buch bei GRIN:

http://www.grin.com/de/e-book/272447/das-unterrichtsgespraech

GRIN - Your knowledge has value

Der GRIN Verlag publiziert seit 1998 wissenschaftliche Arbeiten von Studenten, Hochschullehrern und anderen Akademikern als eBook und gedrucktes Buch. Die Verlagswebsite www.grin.com ist die ideale Plattform zur Veröffentlichung von Hausarbeiten, Abschlussarbeiten, wissenschaftlichen Aufsätzen, Dissertationen und Fachbüchern.

Besuchen Sie uns im Internet:

http://www.grin.com/

http://www.facebook.com/grincom

http://www.twitter.com/grin_com

UNIVERSITÄT FLENSBURG

Das Unterrichtsgespräch

Hausarbeit im Seminar
„Formen des Physikunterrichts"

Vorgelegt von: Morten Vogt

Studiengang: Master of Education
Gemeinschaftsschulen

Flensburg, den 27.02.2014

Inhaltsverzeichnis

1 Einleitung..1

   1.1   Bedeutung des Unterrichtgesprächs...1

   1.2   Definition...2

2 Gesprächsformen im Unterricht..3

   2.1   Lehrerzentrierte Gesprächsformen (nach Leisen, J. [1] S. 122)...........3

   2.2   Schülerzentrierte Gesprächsformen (nach Leisen, J. [1] S. 122f.)........4

3 Eine professionelle Gesprächsführung..5

   3.1   Fünf Mindeststandards der professionellen Gesprächsführung.........6

   3.2   Zehn Strategien einer professionellen Gesprächsführung..................6

4 Methoden im Unterrichtsgespräch..9

5 Resümee...10

Literaturverzeichnis...10

1 Einleitung

> Man soll das Gemeinte im Gesagten erfassen, das Ungesagte im Gemeinten verbalisieren; das Frühere mit dem Jetzigen verknüpfen und auf Zukünftiges hinweisen; das Gesagte Zusammenfassen und an Bekanntes erinnern; Geistreiches als solches hervorheben und Geistlosem mit pädagogischem Takt begegnen; die Mutlosen ermutigen und die Übermütigen bremsen; ... ([1] S. 115)

Mit diesen Worten beschreibt Josef Leisen die Anforderung an die Lehrkraft zur Moderation und Durchführung des Fachunterrichts und behauptet zudem man könne die Liste beliebig lang weiterführen. (vgl.[1] S. 8)

Kommunikation ist für jeden Unterricht unumgänglich. Um im Klassenverband gemeinsam Lernen zu können, müssen sich die Lehrkräfte mit den Schülerinnen und Schülern[1] sowie die SuS untereinander verbal austauschen. Ist dieser Austausch durch die Lehrkraft professionell geleitet und für die SuS ertragreich, lässt sich dieser Austausch als Unterrichtsgespräch auffassen. Im Folgenden sollen die Bedeutung, die Möglichkeiten und die Verantwortung des erfolgreichen Unterrichtgesprächs dargestellt werden.

1.1 Bedeutung des Unterrichtgesprächs

„Unterricht geschieht grundsätzlich situativ und unterliegt den Unwägbarkeiten des Augenblicks" ([1] S. 116) Um dieser Situation gewachsen zu sein, bedarf es einer enormen Professionalität der Lehrkraft, die in der Lage sein sollte diese Augenblicke sinnstiftend im Unterricht aufzugreifen. Besonders im naturwissenschaftlichen Unterricht beinhaltet ein jedes Schülergespräch einen besonders hohen Anteil an Fachvokabular. Kein Unterrichtsgespräch kommt ohne die Dualität von Fachsprache und Allgemeinsprache aus. Damit die SuS ihre Ideen, Erklärungen, Verwunderungen etc. verbal ausdrücken können, nutzen diese selbstverständlich in erster Linie ihre gewohnte Alltagssprache. Hierbei ist es besonders notwendig ebendiese Dualität zuzulassen. Natürlich ist es der Wunsch einer jeden Lehrkraft die Verwendung der Fachsprache im Unterricht zu etablieren. Die Professionalität besteht darin, während des Unterrichtsgesprächs eine gewisse Transformation der Alltagssprache in die Fachsprache umzusetzen. Ist diese Transformation erfolgreich, so lässt sich eindeutig ein Lernprozess der SuS feststellen, denn „Die Fachsprache ist geeignet, um Verstandenes zu ordnen[...]"." ([2], S. 137) Josef Leisen stütz seine Behauptung auf der Formulierung Wagenscheins: „Die Muttersprache ist die Sprache des Verstehens, die Fachsprache besiegelt es, als Sprache des Verstandenen" (WAGENSCHEIN zitiert nach ([2], S. 137). Die Basis eines jeden Unterrichtsgesprächs ist die Sprache selbst und in diesem Zusammenhang hat auch die Kommunikation in dieser

---

[1] Im Folgenden wird der Ausdruck „Schülerinnen und Schüler" mit der Abkürzung SuS ausgedrückt.

Unterrichtssituation einen besonders hohen Stellenwert. Aus dem „Prinzip der Eigenständigkeit" nach Josef Leisen kommt der Kommunikation folgende Bedeutung zu.

> Die Kommunikation im Physikunterricht sollte durch passende Unterrichtsarrangements möglichst in die Hände der Schüler gelegt werden. Die Rolle des Lehrers ist die des Sprachmoderators und des Arrangeurs, der Ebenensprünge initiiert und immer neue Bedeutungszuweisungen eröffnet. (Prinzip von der sprachlichen Eigentätigkeit) ([2] S. 8)

Die Rolle der Lehrkraft wird demnach fest vorgegeben und drängt diese dadurch auch gleich in einen Zwiespalt. Die Lehrkraft verfügt bereits über das Fachwissen und hat die Aufgabe diese an die SuS zu vermitteln. Die Art der Vermittlung sieht aber kein Referieren der Lehrkraft vor. Sie steht nach der Anforderung der Bildungsstandards vor der Herausforderung den Unterricht so zu arrangieren, dass dieser besonders stark schülerzentriert verläuft. Um dieses Ziel zu erreichen benötigt die Lehrkraft insbesondere „[...] Methodik und der [eine] Technik der Gesprächsführung.". ([1] S. 116)

Erst die Anwendung solcher Methoden und Techniken macht das Unterrichtsgespräch ertragreich und fördert einen besonders hohen Lernprozess bei den SuS. Das Unterrichtsgespräch ist daher ein wesentliches Kernelement des (naturwissenschaftlichen) Unterrichts.

Des Weiteren wird das Unterrichtsgespräch folgenden Funktionen gerecht:

> [..]Es gibt der Lehrperson in die Vorstellungen, Vorkenntnisse und Wahrnehmungen bzw. Deutungen der Lernenden. [...] Es dient dem Austausch und der Verständigung über ein Thema, einen Sachverhalt, ein Problem, eine Fragestellung, einen Text etc. [...] Es bietet den Lernenden die Möglichkeit zur Verbalisierung ihrer Überlegungen[...]

([1] S. 117)

1.2 Definition

Im Folgenden sollen Methoden und Techniken eines sinnstiftenden Unterrichtsgesprächs thematisiert werden. Um eine allgemeine Vorstellung zu haben, was unter einem solchen Unterrichtsgespräch zu verstehen ist, werden an dieser Stelle zwei Definitionen angegeben. Josef Leisen definiert ein Unterrichtsgespräch folgendermaßen:

> Das Unterrichtsgespräch umfasst alle Situationen im Unterricht, in denen ein gemeinsamer Austausch des Lehrers mit möglichst allen und zwischen allen Lernenden zu einem klar definierten Thema stattfindet. [1] S. 117

Stefan Bittner formulierte eine Definition

> Ein Unterrichtsgespräch ist eine zum schulischen Lehren, Lernen und Erziehen eingesetzte dialogische Interaktion mit der unter der kommunikativen

Gesetzmäßigkeiten sozial relevante Bildungskontexte bereitgestellt werden und in der die personalen Interessen, Rücksichten und Erwartungen zu moderieren sind, dass Schüler kulturell vorstrukturierte Stoffgebiete er-und verarbeiten können. ([4] S. 31)

Aus beiden Definitionen geht hervor, dass das Unterrichtsgespräch im Schulalltag allgegenwärtig ist und eine intensive Auseinandersetzung der Lehrkraft mit den verschiedenen Umsetzbarkeiten unabdingbar ist.

2 Gesprächsformen im Unterricht

Der naturwissenschaftliche Unterricht kann auf viele verschieden Arten stattfinden. Folglich bieten sich auch sehr viele unterschiedliche Gesprächsformen zur Kommunikation im naturwissenschaftlichen Unterricht an. Diese verschiedenen Typen lassen sich in zwei unterschiedliche Kategorien darstellen. In der ersten Kategorie ist die Lehrerlenkung besonders hoch. In der zweiten Kategorie hingegen ist diese besonders niedrig. Die nach Folgende Abbildung stellt die verschiedenen Gesprächsformen dar und ordnet diese zugleich den verschiedenen Kategorien zu.

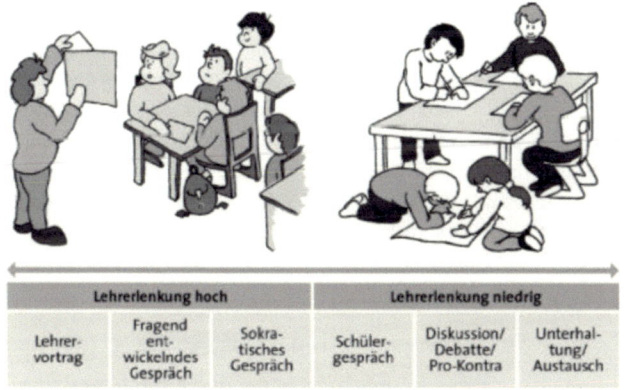

Abb. 1 Arten der Gesprächsformen ([1] S. 122)

2.1 Lehrerzentrierte Gesprächsformen (nach Leisen, J. [1] S. 122)

Die wohl bekannteste Gesprächsform im Unterricht ist der Lehrervortrag. Die Lehrkraft übernimmt hierbei die zentrale Rolle, indem sie mittels Dialog einen bestimmten Sachverhalt verträgt. Die SuS sind weniger bis gar nicht am Gespräch beteiligt und übernehmen lediglich rezipierende Rollen. (vgl. [1] S. 122) Diese Tatsache stellt zugleich Kritik an dieser Vorgehensweise dar. Wie im Vorangegangen dargelegt wurde, wird durch die Bildungsstandard eindeutig die aktive Kommunikation mit und unter den SuS verlangt. Auch wenn der Lehrervortrag sicherlich in mancher Sachlage seine Berechtigung findet, sollte dessen Durchführung weitestgehend vermieden werden.

Die Gesprächsform des Fragend-entwickelndes Gesprächs fordert eine aktive Teilnahme des SuS am Gespräch. Die Lehrkraft versetzt sich strategisch in die Perspektive der SuS. Hierbei nutzt sie die Vorkenntnisse der SuS insofern aus, dass sie gezielt in der Sprache der SuS Fragen stellt. (vgl.[1] S. 122) Der Vorteil liegt darin, dass den SuS suggestiv das Thema bzw. die wissenschaftliche Fragestellung zu ihrer eigenen Sache gemacht wird. In der Suggestion der Fragestellung liegt zugleich die Gefahr. Die Lehrkraft muss darauf achten, dass beim Fragen selbst keine zu streng festgelegten Antworten erzwungen werden.

Beim sokratischen Gespräch übernimmt die Lehrkraft zentral die Leiterrolle. Die SuS unterhalten sich hierbei nicht mit der Lehrkraft sondern interagieren untereinander. Voraussetzung sind die Bedingungen, dass es weder falsche Fragen, Aussagen noch Vermutungen gibt und diesbezüglich keinerlei negative Reaktion geduldet werden. Dies führt dazu, dass die SuS in alle Richtungen denken, fragen und experimentieren können und auch sollen. Die Lehrkraft achtet auf die Einhaltung der Regeln, fasst ggfs. Zwischenstände zusammen und stellt gefordertes Experimentiermaterial zur Verfügung. Das sokratische-Gespräch scheint den Schülern sehr viel Freiraum zu ermöglich und zählt dennoch zu den lehrerzentrierten Gespräch. Die Begründung liegt in der enorm hohen Lehrerleitung und Überwachung des Gesprächs. Die SuS sind trotz aller Freiräume nicht in der Lage ihre Gedanken und Ideen unbefangen, das heißt ohne Wahrnehmung der Lehrkraft, auszudrücken. Die Umsetzung des sokratischen-Gesprächs verlangt daher eine besonders hohe Vertrauensbasis zwischen SuS und Lehrkraft. Erschwerend kommt hinzu, dass der Zeitaufwand bis zur Ergebnissicherung besonders groß ist, da die Lehrkraft die SuS auch bei falschen Ansätzen lange in die dementsprechend falsche Richtung denken lassen muss.

2.2 Schülerzentrierte Gesprächsformen (nach Leisen, J. [1] S. 122f.)

Das Schülergespräch ist eine Gesprächsform, die durch die Interaktion der SuS untereinander geprägt ist. Mithilfe von Impulsen gelingt eine erörternde Implikation der SuS am Unterrichtsgegenstand. Es entsteht eine Interaktion zwischen den SuS bei der die Lehrkraft als Moderator_In auftritt und sich damit stark zurückziehen kann/soll. Die Anwendungsmöglichkeiten und Nichtumsetzbarkeiten hat J.Leisen sehr deutlich formuliert. (vgl. [1] S. 122/128).

„Schülergespräche bieten sich an und sind ertragreich:

- wenn sich alle einbringen können, z.B. wenn die Lernenden eigene Erfahrungen und Beobachtungen in umfangreicher und vielfältiger Formeinbringen können;

- bei Gesprächen, die divergent geführt werden können; beim Brainstorming, bei der Hypothesenbildung, bei der Ideenfindung,
- Meinungsbildung und der offenen Diskussion;

Schülergespräche sind ungeeignet:

- wenn sich nur wenige einbringen können, z. B. wenn ganz spezifische Kompetenzen erforderlich sind;
- bei Gesprächen, die konvergent geführt werden müssen;
- für die Erarbeitung kognitiv schwieriger und diffiziler Sachverhalte. ([1] S. 128)

Eine weitere schülerzentrierte Gesprächsform ist eine Diskussion bzw. Debatte. Die SuS müssen Argumente darbieten, mit denen Sie zu kontroversen Fragen und Problemen Stellung beziehen sollen. Dementsprechend fördert diese Form in erster Linie die Argumentationsfähigkeit der SuS. Die Diskussion oder die Debatte unterliegen einer strengen Regelung. (vgl.[1] S. 123) Diese ist notwendig, um zu gewährleisten, dass insbesondere bei unterschiedlichen Sichtweisen ein ertragreicher Austausch bzw. sinnstiftende Interaktion zwischen den SuS stattfinden kann. Jeder Argumentation, also jeder individuelle Vorstellung bzw. Meinung der SuS, sollte ein entsprechender Vortragsraum gegeben werden. Dies fördert zum Einen das Aufeinandertreffen verschiedenster Argumentation und zwingt zum Anderen die SuS dessen Widersprüche fachlich auszudiskutieren.

Während einer Unterhaltung tauschen sich die SuS zu zweit oder in Kleingruppen über einen Sachverhalt aus. Die Lehrkraft zieht sich dementsprechend vollständig zurück und überlässt die Sache bzw. das Thema den SuS. (Vgl.[1] S. 123)

3 Eine professionelle Gesprächsführung

Nach J. Leisen hat jede Lehrkraft drei verschiedene Quellen aus denen sie ihr Wissen schöpfen kann: Theoriewissen, Fallwissen und Handlungswissen. ([1] S. 116) „Um mit den Überraschungen in Gesprächsverläufen professionell umgehen zu können, bedarf es eines flexiblen Handlungswissens, das theoretisch begründet und fallbezogen trainiert wurde." ([1] S. 116) Im Theoriewissen sind die Prinzipen, Verfahrensweisen und Regeln der Gesprächsführung fest definiert. Mit einem Fallwissen ist die Lehrkraft über relevante Fälle aufgrund von Dokumentationen, ihrer ganz persönlichem Erfahrung oder auch die anderer Kollegen aufgeklärt. Ein fundiertes Handlungswissen verhilft der Lehrkraft zu angemessenen Reaktionsmuster in bestimmten Situation. (vgl. [1] S. 116) Diese Wissensquellen helfen der Lehrkraft sich auf ein Unterrichtsgespräch „passend einzustellen". ([1] S. 116) Ein Unterrichtsgespräch ist nicht komplett planbar, sodass jede Lehrkraft situativ in den verschiedensten Situationen spontan Handeln muss. Damit das reaktionsschnelle Handeln immer noch eine Professionalität hervorbringt ist es schlichtweg notwendig über die dargelegten Wissensquellen zu verfügen.

3.1 Fünf Mindeststandards der professionellen Gesprächsführung
(nach Leisen [1] S. (117 f.))

Für die Vorbereitung und Reflexion der geplanten und durchgeführten Unterrichtsgespräche sind Standards notwendig, die eine allgemeingültige Rahmenbedingung eines ertragreichen und sinnstiftenden Unterrichtsgesprächs definieren. Die Berücksichtigung dieser Standards ermöglicht es der Lehrkraft die verwendete Methodik didaktisch zu begründen.

Zu den fünf Mindeststandards einer professionellen Gesprächsführung zählt Josef Leisen:

Struktur, Intention, Ertrag, diskursive Anlegung und Kennzeichnung durch Zuwendung.

Eine Struktur ist notwendig, damit die SuS mit den Rahmenbedingungen, Ritualen und der (Zwischen-)Ergebnissicherung der Gesprächsführung vertraut sind. Dies erzeugt eine Sicherheit aufgrund der sich die SuS aktiver am Gespräch beteiligen.
Jedes Unterrichtsgespräch muss entsprechend dem Unterrichtsziel wie z.B. Einführung, Erarbeitung, Wiederholung usw. angelegt sein. Die Lehrkraft muss sich im Vorwege auf eine Intention festlegen und die Methodik des Gesprächs diesbezüglich didaktisch begründen
Ebenso ist es bedeutsam, dass ein Unterrichtsgespräch einen Ertrag, eine Brauchbarkeit vorzeigen kann.
Das Unterrichtsgespräch sollte den Verstehens- und Lernprozess der SuS positiv beeinflussen. Dementsprechend muss das Gespräch erörternd (diskursiv) anlegt sein,
Damit die SuS mutig sind und ihre verschiedenen Ideen, Meinungen, Lösungsansätze etc. während eines Unterrichtgesprächs aus verbalisieren, bedarf es einer starken Zuwendung durch die Lehrkraft. Nur bei ausreichender Vertrauensbasis und der Erfahrung, das falsche Äußerungen keine negativen Auswirkungen für die SuS mit sich bringen wird es den SuS Freude bereiten selbst einen Beitrag zu leisten. Von der Lehrkraft wird daher „eine optimistisch-vertrauende Erwartungshaltung" ([1] S. 118) verlangt. Hierzu gehört auch insbesondere das Loben von guten Beiträgen der SuS seitens der Lehrkraft.

3.2 Zehn Strategien einer professionellen Gesprächsführung
(nach Leisen [1] S. 118 ff.)

Damit die im vorherigen Kapitel aufgelisteten Mindeststandards eingehalten werden können, bedarf es einer professionellen Gesprächsführung. Gerade weil der Verlauf des Unterrichtsgesprächs Schulunterricht letztendlich situativ und nicht planbar verläuft, ist die Aneignung bestimmter Gesprächsstrategien besonders wertvoll. Im Folgenden werden zehn Strategien aufgeführt, durch deren Anwendung ein Unterrichtsgespräch einen maximalen Ertrag erzeugen kann.

1. Zuhören

Selbstverständlich gehört es zu den Aufgaben einer jeden Lehrkraft den SuS zuzuhören. Wichtig ist hierbei jedoch, dass die SuS das Zuhören der Lehrkraft aktiv mitbekommen. Um die Aufmerksamkeit deutlich zu machen kann die Lehrkraft beispielsweise Fragen stellen, während der Beiträge von SuS Notizen machen oder die geleisteten Beiträge personenspezifisch noch einmal zusammenfassen.

2. Öffnen

Mit Öffnen ist die Weitergabe der Verantwortung bei geleisteten Beiträgen gemeint. Auch wenn die Lehrkraft aufgrund ihres Fachwissens der Lehrkraft Schülerfragen sofort beantworten können, ist es ratsam, ebensolche Fragen an die anderen SuS weiterzugeben. Somit wird das Gespräch aufrechterhalten und jeder einzelne aktiviert. Auch einfache Aussagen können innerhalb der Schülerschaft kommentiert werden.

3. Zeit geben

Stellt eine Lehrkraft eine Aufgabe/Frage an die SuS dauert der Prozess der individuellen Bearbeitung dieser Fragen/Aufgaben unterschiedlich lang. Um allen SuS mit ihren individuellen Zeitansprüchen gerecht zu werden, muss dementsprechend ausreichend Zeit zur Verfügung gestellt werden. Eine beliebte Methode ist es, die SuS vorerst in kurze Partnergespräche zu schicken, in denen sie sich zu zweit austauschen können, bevor eine Antwort im großen Plenum verlangt wird.

4. Beiträge wieder aufgreifen

Dass ein Unterrichtsgespräch Ertrag bringen soll, wurde bereits als Mindeststandard definiert. Dementsprechend sollte auch kein geleisteter Beitrag seitens der SuS unbeachtet bleiben. Um dies zu gewährleisten können SuS aufgefordert werden Beiträge, die beispielsweise besonders wertvoll waren zu wiederholen oder aber Beiträge, deren Aussagenwerte falsch sind, an alle SuS weiterzugeben, um ggfs. einen Widerspruch und damit die Negation der Aussage zu erbringen.

5. Rückmeldung geben

Hiermit ist die Anerkennung geleisteter Beiträge gemeint. SuS, die sinnstiftende Beiträge geleistet haben, können zur Wiederholung aufgefordert werden. Außerdem kann die Lehrkraft SuS helfen, die trotz richtiger Ansätze Probleme haben ihre Denkvorgänge in der Fachsprache zu verbalisieren.

6. Strukturieren und Kategorisieren

Damit die SuS den Überblick, die Forschungsfrage oder das Gesprächsziel nicht aus den Augen verlieren, ist es besonders wertvoll, wenn die Lehrkraft die bisher geleisteten Beiträge zusammenfasst und wenn möglich bereits verschiedenen Kategorien zuweist.

7. Gewichten

Mit Gewichten ist die fachliche Diskussion verschiedener insbesondere gegensätzlicher Beiträge gemeint. Hierbei soll der Bezug zur Fragestellung aufrechterhalten werden und es kann gemeinsam diskutiert werden, welche Aussagen seitens der SuS brauchbar und welche zu verwerfen sind.

8. Inhalte ausschärfen

Die SuS müssen während des Unterrichtsgesprächs das Recht haben anstelle der Fachsprache kompliziertes auch in ihrer eigenen Sprache formulieren zu dürfen. Nach geleisteten Beiträgen ist es Aufgabe der Lehrkraft diese zusammenzufassen und in der Fachsprache erneut wiederzugeben. Damit auch komplizierte Ansätze verständlich sind, ist es hilfreich den Schülern Visualisierungen und Modellvorstellung nahezulegen.

9. Phasen miteinander vernetzen

In dem Die Lehrkraft die geleisteten Beiträge in Relation zueinander und zum Ausgangspunkt der Fragestellung setzt, werden die einzelnen Phasen des Verstehensprozesses miteinander vernetzt. Die SuS behalten hierdurch den Überblick und fühlen sich auch dann nicht verloren, wenn das Thema von größerer Komplexität ist.

10. Ergebnisse sichern

Die Ergebnissicherung ist ein absolutes Fundament des Unterrichtsgesprächs. Hierin zeigt sich der Ertrag der vorangegangen Interaktion und Diskussion zwischen den SuS. Besonders wichtig ist, dass nur das tatsächliche Gesprächsergebnis festgehalten wird und nicht das von der Lehrkraft vielleicht eigentlich vorgesehene Ergebnis notiert wird. Es empfiehlt sich in jedem Fall die Ergebnissicherung schriftlich festzuhalten.

4 Methoden im Unterrichtsgespräch

(nach HEPP et al. 2003, LEISEN 1999 und 2003 :zitiert nach [1] S. 131)

Für die Umsetzung eines Unterrichtsgesprächs bieten sich verschiedene Methoden an. Entscheidend für die Auswahl einer der im Folgenden aufgeführten Methode sollte immer die Bedeutung der Kommunikation im Unterricht sein. Das Gespräch soll die SuS zur Interaktion und Argumentation führen. Demnach ist auch eine jede Auswahl didaktisch zu begründen. (vgl. [1] S. 131)

Rückzug: Die Lehrkraft hört ausschließlich dem Gespräch zwischen den SUS zu.

Helfersystem: SuS können sich jemand anders zur Hilfe rufen.

Murmelgespräch: Zweier- oder Gruppengespräch bevor eine Fragestellung im Planung diskutiert wird.

Aushandeln: Fortführung des Murmelgesprächs. Austauschphase dauert länger evtl. Projektarbeit, weil das auszuhandelnde Thema komplexerer Natur ist.

Kettengespräch: Ein geleisteter Beitrag wird kettenartig an einen weiteren Mitschüler-In gegeben, der ebenfalls einen Beitrag leisten muss.

Dialog: Demonstration von Dialoge zwischen verschiedenen Personen, die als Vorbild der SuS fungieren sollen.

Thesentopf: SuS müssen festgelegte Rollen/Meinungen einnehmen und in einer Diskussion argumentativ vertreten.

Fragemuster: SuS müssen Lücken in vorgegebenen Fragen füllen.

Bildergeschichte: SuS müssen anhand von Bildmaterial eine Geschichte mit aktuellem Themenbezug entwickeln.

Filmleiste: Fotokollage /Dokumentation vorangegangener Experimentierphase zur Rekonstruktion.

5 Resümee

Jeder Physiklehrer hat die Erfahrung gemacht, daß [sic] Stunden "kommunikativ laufen", wenn es die Schüler angeht, wenn die Situation, oder das Thema, oder der Sachverhalt zu ihrer Sache wird.

Jeder Physiklehrer weiß, um die Wichtigkeit der Entwicklung einer Gesprächskultur in der Klasse. Es ist ein Prozeß [sic] des gegenseitigen Abtastens bis Umgangsformen, Fragehaltungen und Stilfragen abgeklärt und eingeübt sind. Rituale erleichtern die Verhaltenskoordinierung.

[2] S. 8

Zusammenfassend lässt sich sagen, dass die Umsetzbarkeit eines Unterrichtsgesprächs, obwohl sie ohnehin einem Gewissen Zwang unterliegt, sehr vielfältig sein kann. „Das Unterrichtsgespräch ist und bleibt der Ort im Unterricht, den[sic] dem die Kommunikation gelernt und geübt wird." ([1] S. 132) Auch wenn die Beachtung und Implikation der aufgeführten Standards und Strategien eine große Herausforderung für die Lehrkraft darstellen, wird die Lehrkraft garantiert langfristig entlastet, da das Unterrichtsgespräch sehr stark gefördert wird und die Interaktion mit den SuS stetig zunehmend wird und vor allem weil der Unterricht zur Sache der SuS wird und bestenfalls die Neugier und Motivation anregt. „Schüler sollen in Physik reden und über Physik reden. Letzteres umfasst das diskursive Argumentieren, das Einnehmen verschiedener Perspektiven, das Bewältigen von Pro-Contra-Situationen, die Gestaltung zusammenhängender Rede. ([3] S. 5) Ein erfolgreiches und vor allem professionellen Unterrichtsgespräch sollte damit Fundament einer jeden Unterrichtseinheit und darüber hinaus auch oberste Priorität einer jeden Lehrkraft sein. „ Man soll das Gemeinte im Gesagten erfassen, das Ungesagte im Gemeinten verbalisieren; das Frühere mit dem Jetzigen verknüpfen und auf Zukünftiges hinweisen; das Gesagte zusammenfassen und an Bekanntes erinnern; Geistreiches als solches hervorheben und Geistlosem mit pädagogischem Takt begegnen; die Mutlosen ermutigen und die Übermütigen bremsen; ..." ([1] S. 115)

Literaturverzeichnis

[1] LEISEN, Josef: *Unterrichtsgespräch: Fragend-entwickelnder Unterricht, sokratischer Dialog und Schülergespräche*. In: *Physik Methodik für die Sekundarstufen*. Berlin: Cornelsen Verlag Scriptor (2007), S. 115–132

[2] LEISEN, Josef: *Fachlernen und Sprachlernen im Physikunterricht*. In: *Praxis der Naturwissenschaften* (1998), Nr. 2, S. 5–8

[3] LEISEN, Josef: *Bildungsstandards Physik: der Kompetenzbereich „Kommunikation "*. In: *Naturwissenschaften im Unterricht Physik 3* (2005), S. 16–20

[4] BITTNER, Stefan: *Das Unterrichtsgespräch : Formen und Verfahren des dialogischen Lehrens und Lernens*. Bad Heilbrunn : Klinkhardt, 2006 (Erziehen und Unterrichten in der Schule)